Sitzungsberichte der Heidelberger Akademie der Wissenschaften

Stiftung Heinrich Lanz

Mathematisch-naturwissenschaftliche Klasse

*) *Jahrgang 1921 erschien im Verlage von Carl Winters Universitätsbuchhandlung in Heidelberg.*

Im Verlag von Walter de Gruyter & Co. vormals G. J. Göschen'sche Verlagshandlung — J. Guttentag, Verlagsbuchhandlung — Georg Reimer — Karl J. Trübner — Veit & Comp., Berlin, erschienen:

Abteilung A. Mathematisch-physikalische Wissenschaften.

Jahrg. 1922: 3 Hefte. — Jahrg. 1923: 5 Hefte. — Jahrg. 1924: 11 Hefte.

Abteilung B. Biologische Wissenschaften.

Jahrgang 1923: 1 Heft.

Von Jahrgang 1925 ab findet die Trennung in Abteilung A und B nicht mehr statt.

Jahrgang 1925. 1. Hefftek, Lothar. Zur absoluten Geometrie II. Reichsm. 0.50
2. Roeser, Ernst. Die komplementären Figuren der nichteuklidischen Ebene. Reichsmark 0.50
3. Fladt, Kuno. Neuer Beweis f. d. Zuordnung von rechtwinkligem Dreieck und Spitzeck in der hyperbolischen Elementargeometrie. Reichsmark 0.30
4. Salomon, Wilhelm. Beobachtungen über Harnische. Reichsmark 0.70
5. Loewy, A. Beiträge zur Algebra. 1—4. Reichsmark 1.—
6. Hellpach, Willy. 2. Mitteilung zur Physiognomik der deutschen Volksstämme. Reichsmark 0.30
7. Loewy, Alfred. Neue elementare Begründung u. Erweiterung der Galoisschen Theorie. Reichsmark 2.—
8. Curtius, Theodor, u. Bertho, Alfred. Einwirkung von Stickstoffkohlenoxyd und von Stickstoffwasserstoffsäure unter Druck auf aromatische Kohlenwasserstoffe. Reichsmark 0.40
9. Roeser, Ernst. Die gnomonische Projektion in der hyperbolischen Geometrie. Reichsmark 0.70
10. Rasch, G. Über die Ausnützung der Gezeiten des Meeres zur Energiegewinnung. Reichsmark 0.80
11. Salomon, Wilhelm. Magmatische Hebungen. Reichsmark 1.20
12. Pütter, A. Altersbestimmungen an Drachenbäumen von Tenerife. Rm. 0.90
13. Volk, Otto. Über geodätische rhombische Kurvennetze auf krummen Flächen, insbesondere auf Flächen konstanter Krümmung. Reichsmark 1.10
14. Roeser, Ernst. Die Fundamentalkonstruktion der hyperbolischen Geometrie. Reichsmark 1.40
15. Rüger, L., u. Rüger-Haas, P. Palaeosemaeostoma geryonides v. Huene sp., eine sessile Meduse aus dem Dogger von Wehingen i. W., und Medusina liasica nov. sp., eine coronatenähnliche Meduse aus dem mittleren Lias von Hechingen i. Württemberg. Reichsmark 1.50

Jahrgang 1926. 1. Krull, Wolfgang. Theorie und Anwendung der verallgemeinerten Abelschen Gruppen. Reichsmark 1.70
2. Klebs, Georg. Über periodisch wachsende tropische Baumarten. Rm. 1.20
3. Müller, Max. Über die Oberfläche von Flächenstücken. Reichsmark 1.20
4. Ernst, Max. Über Anlagen von Organen, die nicht zur Ausbildung gelangen. Reichsmark 0.50
5. Ernst, Emil. Die optischen Eigenschaften des Andesins von Bodenmais. Reichsmark 1.10
6. Liepmann, Wilhelm. Leichengeburt bei Ichthyosauriern. Reichsmark 0.90
7. Klebs, Georg. Über die Längenperiode der Internodien. Reichsmark 2.40
8. Jost, L., u. v. Ubisch, G. Zur Windefrage. Reichsmark 0.80
9. Salomon, Wilhelm. Gibt es Gesteine, die für bestimmte Erdperioden charakteristisch sind? Reichsmark 0.30

(Fortsetzung siehe 3. Umschlagseite)

*) Bestellungen auf solche Veröffentlichungen der math.-naturw. Klasse, welche früher im Verlag von Carl Winters Universitätsbuchhandlung in Heidelberg erschienen sind, nimmt auch der Verlag Walter de Gruyter & Co., Berlin, entgegen.

Sitzungsberichte
der Heidelberger Akademie der Wissenschaften
Mathematisch-naturwissenschaftliche Klasse
Jahrgang 1930. 12. Abhandlung.

Beiträge zum Oberrheinischen Fossilkatalog Nr. 3

Felis issiodorensis Croizet von Mauer a. d. E.

Von

Ilse Voelcker (Heidelberg).

Mit 3 Abbildungen im Text.

Vorgelegt von Wilhelm Salomon-Calvi.

Eingegangen am 24. Juli 1930.

Berlin und Leipzig 1930

Walter de Gruyter & Co.

vormals G. J. Göschen'sche Verlagshandlung / J. Guttentag, Verlagsbuchhandlung / Georg Reimer / Karl J. Trübner / Veit & Comp.

Felis issiodorensis Croizet von Mauer a. d. E.

Ein neuer Carnivorenfund aus der Mauerer Grube am „Sandbusch", der nördl. Fortsetzung der Grube am „Grafenrain" (1 m oberhalb der „Lettenbank", etwa 15 m über der Sohle), verdient besondere Erwähnung. Es handelt sich um das (8 cm lange) linke Unterkieferbruchstück von Felis issiodorensis Croizet.

Das Stück weist alle Zähne auf, von denen nur die Spitze des C beschädigt ist (siehe Abbildungen). Der außerordentlich günstige Erhaltungszustand kommt dem gleich, den die Croizet'schen Originalstücke zeigen. Eines dieser in dem Werk von Croizet und Jobert (1828) abgebildeten Exemplare (Pl. III Fig. 1) stimmt mit dem mir vorliegenden weitgehend überein (wie auch aus den unten gegebenen Maßverhältnissen hervorgeht). Unterschiede bestehen in zwei Merkmalen: in der Größe des Talon an M_1 und in der Ausbildung des C. (Die bei unserem Stück geringere Länge des Diastema scheint mir von untergeordneter Bedeutung; auch stimmen die von Croizet angegebenen Maße nicht mit seiner Abbildung überein.)

Der C des Mauerer Exemplars ist außerordentlich stark, erreicht fast die Mächtigkeit des C eines mir vorliegenden, rezenten, jungen Leoparden. Von sämtlichen mir zur Verfügung stehenden, rezenten Caninen (zwei Leoparden und neun Luchse) unterscheidet er sich durch seine stumpfere Kegelform, an der die innere wie die scharfe hintere Schneide fehlt, und durch seine geringere Rückwärtsbiegung gegen die Spitze zu, den Merkmalen, die dem rezenten Katzengebiß die elegante Form verleihen. Die äußere Rinne, die Croizet an seinen Stücken als bis fast an den Schmelzrand herabreichend angibt, läuft bei meinem Exemplar noch in der oberen Hälfte des Zahnes aus, wie bei dem jugendlichen Leoparden, während sie bei den Luchsen durchschnittlich tiefer herabgeht. — Den rezenten Formen gegenüber liegt bei issiodorensis (was auch aus Croizet's Abbildungen Pl. V Fig. 1 und 5 erhellt) der Schmelzrand extrem hoch.

Was P_3 und P_4 von Felis issiodorensis besonders stark von den Prämolaren von Felis pardus unterscheidet, ist die

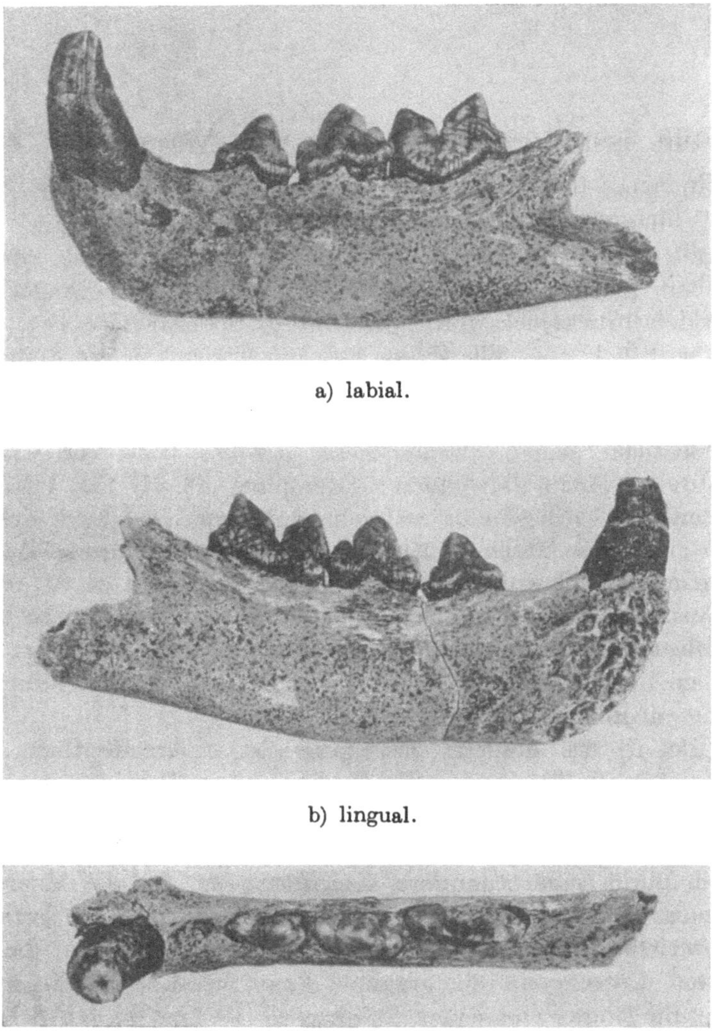

a) labial.

b) lingual.

c) von oben.

Felis issiodorensis Croizet von Mauer a. d. Elsenz.
Natürliche Größe (Phot. Welz).

bedeutendere Höhe im Verhältnis zur Länge, ein Merkmal, das die fossile Art mit den rezenten Luchsen im wesentlichen gemeinsam hat. Von den von KINKELIN (1889) als Felis lynx L. erwähnten und von REICHENAU (1906) als Felis (Lynchus) issiodorensis (Croizet) de Blainville beschriebenen beiden Zähnen wird der eine als vorderer Prämolar angesprochen. Beide Stücke, die mir von der Senckenbergischen Sammlung liebenswürdigerweise zur Verfügung gestellt wurden, sind in sehr wenig gutem Erhaltungszustand. Aus dem Vergleich mit der mir vorliegenden ganzen Zahnreihe ist zu ersehen, daß das von REICHENAU auf Taf. XIV Fig. 2a abgebildete Exemplar ein hinterer Prämolar ist. — Auch die Größenverhältnisse der Mosbacher Zähne stimmen mit denen der Mauerer Katze gut überein.

Die Eigenart des M_1 findet sich bei REICHENAU[1]) (S. 311) so gut aufgezeigt, daß ich nur auf die Bedeutung des bei dem Mosbacher Stück abgebrochenen Talon eingehen muß. REICHENAU sagt, daß „der hintere Talonansatz sich allerdings nur bei den nord- und mitteleuropäischen Luchsen findet“. SOERGEL (1914) dagegen behauptet (S. 110), daß „beim Luchs der Talonansatz sehr kräftig ist, besonders, wie v. REICHENAU hervorhebt, an den Formen von Nordeuropa und Sibirien“. An Hand des mir vorliegenden rezenten Vergleichsmaterials muß ich feststellen: In abnehmender Größe der Talons folgen: 1. ein russisches Exemplar, bei dem auch noch ein rudimentärer M_2 vorhanden ist, 2. ein Tier aus dem Berliner Zoo (vermutlich Rußland), 3. Ungarn, 4. Rußland, 5. Rußland, 6. Galizien, 7. Kaukasus (oder U.S.A.?), 8. Rußland, ein jugendliches Individuum. [Mein neuntes Exemplar ist erst im Beginn der ersten Dentition.] Und zwar ist der Talon des zuletzt angeführten jungen Luchses kleiner als der des jungen Leoparden, während doch SOERGEL das fast vollständige Fehlen eines Talonansatzes als für pardus charakteristisch erklärt. M. E. ist die Größe des Talon als Artmerkmal nicht verwendbar. So werte ich auch die Angabe CROIZET's: „contre ce dernier (lobe) il y a un talon bien prononcé (P_4), tandis que la carnassière n'en offre qu'un vestige à peine sensible“ über Felis issiodorensis nicht als wesentlich unterscheidend von dem Mauerer Stück, das einen Talon von mittleren Ausmaßen besitzt. Zudem zeigen die von CROIZET auf Pl. V abgebildeten Exemplare, besonders Fig. 5, Talons, die der Dimension unseres Stückes fast entsprechen. — Der Mauerer Unterkiefer gehört einem nicht mehr jungen Tier an, die Fazetten

[1]) Siehe auch FREUDENBERG (1914) S. 199.

sind besonders auf M_1 sehr stark und beide Schneiden dieses Zahnes ziemlich angekaut.

Ich gebe in den Tabellen 1—3 als Vergleichsmaße: die von CROIZET angegebenen, die der Mosbacher Zähne, ferner die von zwei Luchsen und des jungen Leoparden. Die Maße des letzteren, aber auch die der Luchse stimmen teilweise mit unserem Stück sehr gut überein. Herr Prof. SCHMIDTGEN hatte die Güte, mich besonders darauf aufmerksam zu machen, daß die Zahlengrößen des Mauerer Exemplars in die Variationsbreite der angegebenen Felis pardus-Maße fallen. Ich muß darum hervorheben, daß schon bei dem jungen Leoparden der Kiefer länger, graziler erscheint, während bei issiodorensis, wie der Canin im einzelnen, so auch der ganze Kiefer plumper, gedrungener ist. Beim ausgewachsenen pardus ist dieser Unterschied noch bedeutender[1]). In der Tabelle 1 ist das besonders an der Länge des Diastema zu erkennen, das ich daher noch in seinem Verhältnis zur Kieferlänge zeige[2]). Auf den liebenswürdigen Rat von Herrn Prof. SOERGEL, dem ich für das Durchsehen dieser kleinen Arbeit sehr zu Dank verpflichtet bin, gebe ich noch einige Verhältniszahlen an (Tabelle 4).

Tabelle 1.

		Maximale Länge							
		d. Kiefers v. C b. M_1	der Zahnreihe	des M_1	des Talon von M_1	des P_4	des P_3	des Diastema	des C an der Basis
Felis issiodorensis	Mauer	60.7	38.9	16.0	1.6	13.3	10.8	9.3	11.5
	Puy-de-Dome	62.0	40.0	16.0	1.2*	12.0	12.0	12.0	9.0
	„	59.0	38.0	15.0	1.4*	13.0	10.0	12.0	8.0
	„	62.0	41.0	16.0	1.7*	14.0	11.0	12.0	10.0
	Mosbach	—	—	15.5	—	12.7	—	—	—
Luchs	Rußland?	58.8	38.9	15.9	2.3	12.8	10.4	10.2	9.5
	Ungarn	55.2	35.9	14.5	2.2	11.7	9.3	11.1	8.9
Felis pardus		66.9	40.0	16.3	1.5	15.8	10.4	14.4	12.8

Die mit * bezeichneten Maße sind den Abbildungen entnommen.

[1]) Es war vielleicht irreführend, die Maße des jugendlichen Leoparden neben die des ausgewachsenen Felis issiodorensis zu setzen.

[2]) Die von TEILHARD DE CHARDIN et J. PIVETEAU angegebenen Maße des Felis (Lynx) sp. aus China fallen, abgesehen von der zu geringen Mächtigkeit des C, besonders was die Länge des Diastema betrifft, weit näher in den Variationsbereich von Felis pardus.

Tabelle 2.

		Maximale Breite				
		d. Kiefers	von M_1	von P_4	von P_3	von C
Felis issiodorensis	Mauer	10.0	7.8	7.1	6.1	9.0
	Puy-de-Dome	—	—	—	—	—
	,,	8.0	—	—	—	—
	,,	8.0	—	—	—	—
	Mosbach	—	6.1	6.0	—	—
Luchs	Rußland?	10.3	7.0	6.4	5.7	7.0
	Ungarn	9.0	6.6	5.8	5.3	6.4
Felis pardus		11.1	8.0	7.8	5.6	8.8

Tabelle 3.

		Maximale Höhe							
		von M_1	des Talon v. M_1	von P_4	von P_3	d. Kiefers v. P_3	zw. P_3 und P_4	zw. P_4 und M_1	hinter M_1
Felis issiodorensis	Mauer	12.3	5.0	10.4	8.8	20.2	19.5	20.8	22.3
	Puy-de-Dome	—	?	—	—	20.0	—	—	—
	,,	—	2.8*	—	—	19.0	—	—	22.0
	,,	—	5.2*	—	—	22.0	—	—	22.0
	Mosbach	10.7	—	7.9	—	—	—	—	—
Luchs	Rußland?	10.5	4.2	9.1	7.7	22.3	20.5	20.8	21.8
	Ungarn	9.6	3.9	9.2?	7.8?	18.7	19.0	19.7	20.2
Felis pardus		12.0	4.4	11.5	7.0	20.0	20.2	21.7	23.0

Die mit * bezeichneten Maße sind den Abbildungen entnommen.

Tabelle 4.

		Zahnreihe: M_1	Zahnreihe: P_4	Zahnreihe: P_3	Kiefer: Diastema	Talonlänge in % der Länge von M_1
Felis issiod.	Mauer	2.43	2.92	3.60	6.53	10%
	Puy-de-Dome	2.5	3.33	3.33	5.17	7.5%
	,,	2.53	2.92	3.8	4.92	9.3%
	,,	2.56	2.93	3.73	5.17	10.6%
Luchs	Rußland?	2.45	3.04	3.75	5.76	14.5%
	Ungarn	2.48	3.07	3.86	4.97	15.2%
Felis pardus		2.45	2.53	3.85	4.65	9.2%

Ich habe durch wiederholtes Messen erhaltene Mittelwerte verwendet; trotzdem empfinde ich den subjektiven Fehler als zu groß, um exakte Vergleichswerte zu erzielen. Differieren doch meine Messungen an dem Mosbacher Exemplar gegen die von v. Reichenau bis 15 %.

Dem Senckenbergischen Museum danke ich die Übersendung der Mosbacher Zähne; für die Überlassung des rezenten Materials bin ich der Anatomie und dem Zoologischen Institut der Universität Heidelberg, den Karlsruher Landessammlungen für Naturkunde und dem Naturhistorischen Museum der Stadt Mainz sehr zu Dank verpflichtet.

Verzeichnis der zitierten Literatur.

1828 Croizet et Jobert, Recherches sur les ossements fossiles du Département du Puy-de-Dome. Paris.

1889 Kinkelin, Fr. (Vorträge u. Abhandl. d. Senckenberg. naturf. Ges. 1889, S. 104).

1896 Fabrini, E., La Lince del Pliocene Italiano. Palaeontogr. ital. Vol. II, 1896. (Siehe dort Verzeichnis der älteren Literatur.)

1906 Reichenau, W. v., Beiträge zur näheren Kenntnis der Carnivoren aus den Sanden von Mauer und Mosbach. (Abhandl. d. großherzogl. hess. Geol. Landesanst. Bd. IV, H. 2.)

1914 Freudenberg, W., Die Säugetiere des älteren Quartärs von Mitteleuropa. (Geol. u. Palaeontol. Abhandl. N. F. Bd. 12, H. 4/5.)

1914 Soergel, W., Die diluvialen Säugetiere Badens. (Mitt. d. großherzogl. bad. Geol. Landesanst. Bd. IX, H. 1.)

1930 Teilhard de Chardin, P., et Piveteau J., Les Mammifères fossiles de Nihowan (Chine). (Annales de Paléontologie Tome XIX, 1930.)

10. Roeser, Ernst. Der reelle Übergang zwischen den beiden nichteuklidischen Geometrien und ihrem Parallelenbegriff. Reichsmark 1.20
11. Salomon, Wilhelm. Kugelförmige Absonderung. Reichsmark 0.80
12. Salomon. Felsenmeere und Blockstreuungen. Reichsmark 0.80
13. Salomon. Die Gruppendefinitionen in der Paläontologie. Reichsmark 0.90

Jahrgang 1927. 1. Loewy, Alfred. Neue elementare Begründung und Erweiterung der Galoisschen Theorie. Reichsmark 1.60
2. Liebmann, Heinrich. Rhombische Geradennetze im Raum. Reichsmark 1.—
3. Volk, Otto. Über geodätische Dreiecknetze auf Flächen konstanten Krümmungsmaßes. Reichsmark 1.80
4. Pütter, A. Chemische Reizwirkung und Giftwirkung. Mit einem mathematischen Anhang: Ein Diffusionsproblem von E. Trefftz. Reichsmark 2.40
5. Rembs, Eduard. Die Verbiegung des verlängerten Rotationsellipsoids. Rm. 1.60
6. Mayer, Adolf. Naturwissenschaftliche Ästhetik. Reichsmark 0.90
7. Mayer, Adolf. Naturwissenschaftliche Volkswirtschaftslehre. Reichsm. 0.80
8. Baer, R., Kapferer, H., Krull, W., Schmidt, F. K. Beiträge zur Algebra. Nr. 5—10. Reichsmark 6.20
9. Müller, Max. Über die Eindeutigkeit der Integrale eines Systems gewöhnlicher Differentialgleichungen und die Konvergenz einer Gattung von Verfahren zur Approximation dieser Integrale. Reichsmark 2.50
10. Freudenberg, Karl. Intramolekulare Umlagerung optisch-aktiver Systeme. Reichsmark 1.—
11. Roeser, Ernst. Abbildung der hyperbolischen Ebene auf die Kugel mittels der Beziehung zwischen Lot und Parallelwinkel. Reichsmark 1.—
12. Rüger, L. Die direkte gebirgsgetreue Übertragung der auf dem Universaldrehtisch gewonnenen Messungsergebnisse gebirgsorientierter Schliffe in das Diagramm. Reichsmark 1.20
13. Jost, L. Elektrische Potentialdifferenzen an der Einzelzelle. Reichsmark 1.90

Jahrgang 1928. 1. Rüger, L. Einige Bemerkungen zur Darstellung tektonischer Elemente, insbesondere von Klüften und Harnischen. Reichsm. 1.20
2. Herbst, Curt. Untersuchungen zur Bestimmung des Geschlechts. Ein neuer Weg zur Lösung des Geschlechtsbestimmungsproblems bei Bonellia viridis. Reichsmark 1.50
3. Merton, Hugo. Untersuchungen über die Entstehung amöbenähnlicher Zellen aus absterbenden Infusorien. Reichsmark 2.20
4. Baer, Reinhold. Zur Einordnung der Theorie der Mischgruppen in die Gruppentheorie. Reichsmark 2.20
5. Baer, Reinhold. Über die Zerlegungen einer Mischgruppe nach einer Untermischgruppe. Reichsmark 1.50
6. Roeser, Ernst. Komplementäre Körper der beiden nichteuklidischen Geometrien. Reichsmark 1.—
7. Krull, Wolfgang. Primidealketten in allgemeinen Ringbereichen. Rm. 1.10
8. Salomon, Wilhelm. Geol. Beobachtungen des Leonardo da Vinci. Rm. 0.90
9. Liebmann, Heinrich. Die Sätze von Lie und Gambier über Kurven eines Linienkomplexes. Reichsmark 0.90
10. Merz, K. W. Über den Wirkungsantagonismus von Blutkörperchen und Serum bei chemisch faßbaren biologischen Vorgängen. Reichsmark 1.20
11. Mühlbach, R. Über Raumkurven in der Möbiusschen Geometrie. Rm. 1.20
12. Ernst, Paul. Wurzeln der Medizin. Reichsmark 1.50
13. Mayer, Adolf. Naturwissenschaftliche Apologetik des Christentums. Rm. 1.60
14. Baer, Reinhold. Beiträge zur Galoisschen Theorie. Reichsmark 1.80
15. Salomon, Wilhelm. Neue geologische Beobachtungen im Baitonegebiet des Adamello. Reichsmark 0.90
16. Erdmannsdörffer, O. H. Über Disthen-Andalusitparagenesen. Reichsm. 1.20
17. Schneidt, Max. Kurvennetze ohne Umwege. Reichsmark 1.30
18. Bopp, K. J. H. Lamberts und A. G. Kaestners Briefe, aus den Gothaer Manuskripten herausgegeben. Reichsmark 2.20
19. Freudenberg, K. Zur Kenntnis des Fichtenholz-Lignins. Reichsmark 1.10

Jahrgang 1929. 1. Volk, Otto. Über Flächen mit geodätischen Dreiecksnetzen. Reichsmark 2.50.
2. Schmidt, F. K., Krull, W., Breuer, S. Beiträge zur Algebra. Nr. 11—13. Reichsmark 1.80

3. HIEBER, W., Zur Kenntnis der chemischen Reaktionen des Eisencarbonyls. Reichsmark 0.90
4. SALOMON, WILHELM. Gletscherbeobachtungen am Vadret Lischanna (Unterengadin). Reichsmark 1.—
5. SALOMON, WILHELM. Arktische Bodenformen in den Alpen. Reichsmark 2.50
6. MÜLLER, MAX. Über die Greensche Funktion des Laplaceschen Differentialausdruckes. Reichsmark 1.50
7. RÜGER, L. Machairodus latidens Owen aus den altdiluvialen Sanden von Mauer a. d. Elsenz. Reichsmark 0.90
8. LENARD, P. Über Energie und Gravitation. Reichsmark 1.90
9. DEECKE, W. Zur Entstehung der Kare. Reichsmark 0.80
10. ROESER, E. Neue Sätze über sphärische und hyperbolische Fünfecke. Reichsmark 1.—
11. BALDUS, R. Über Eulers Dreieckssatz in der absoluten Geometrie. Rm. 1.—
12. TRAUTZ, M. Die Reibung, Wärmeleitung und Diffusion in Gasmischungen. II. Reichsmark 2.80
13. SANDER, B., u. FELKEL, E. Zur tektonischen Analyse von Schmelztektoniten. Reichsmark 2.50
14. SCHOLZ, ARNOLD. Beiträge zur Algebra. Nr. 14. Reichsmark 1.20
15. BAER, REINHOLD. Beziehungen zwischen den Grundbegriffen der Topologie. Reichsmark 1.60
16. HERBST, CURT. Untersuchungen zur Bestimmung des Geschlechts. Weitere Experimente über die Vermännlichung indifferenter Bonellia-Larven durch künstliche Mittel. Reichsmark 3.—
17. ERDMANNSDÖRFFER, O. H. Über Alkalihornblenden aus dem Radautal. Reichsmark 0.80
18. GRUBER, FRIEDRICH. Neuer Beweis des Transversalensatzes in der absoluten Geometrie Reichsmark 0.80
19. ROSENTHAL, A. Über die Existenz der Lösungen von Systemen gewöhnlicher Differentialgleichungen. Reichsmark 1.20

Jahrgang 1930. 1. GOTTFRIED, C. Über kontaktmetamorphe Gesteine des Baitonegebietes in der Adamellogruppe (Italien). Reichsmark 1.—
2. RÜGER, L. Über einen Granulit mit „Sekundärschieferung" von Auerswalde i. S. Reichsmark 1.50
3. Beiträge zur Algebra Nr. 15—17: a) KAPFERER, HEINR. Über Schnittpunktsysteme mit vorgeschriebenen Multiplizitätszahlen. b) KAPFERER, HEINR. Eine idealtheoretische Lösung des Cramerschen Paradoxons, die jeden singularen Fall umfaßt. c) SCHOLZ, ARNOLD. Über das Verhältnis von Idealklassen und Einheitengruppen in Abelschen Körpern von Primzahlpotenzgrad. Reichsmark 3.20
4. KINZL, HANS. Flußgeschichtliche und geomorphologische Untersuchungen über die Feldaistsenke im oberösterreichischen Mühlviertel und die angrenzenden Teile Südböhmens. Reichsmark 3.20
5. BALDUS, RICHARD. Zur Axiomatik der Geometrie III. Über das Archimedische und das Cantorsche Axiom. Reichsmark 0.80
6. SALOMON-CALVI, WILHELM. Epeirophorese. Teil I. Reichsmark 1.40
7. WELLSTEIN, JULIUS. Zur Klassifikation der regulären Scharen quadratischer Formen. Reichsmark 1.—
8. BETTMANN. Über Modellierungen des Gefäßendabschnittes. Reichsmark 2.—
9. ROESER, ERNST. Sphärische und hyperbolische Vielecke. Reichsmark 1.65
10. KAUFMANN, BORIS. Über die Ränderzuordnung bei topologischen Abbildungen in der Ebene und im Raume. Reichsmark 1.65
11. SCHEFFEN, WALTHER. Pseudopemphix Fritschii Wüst, Lithogaster tiefenbachensis Assm. und Pemphix Sueurii Desm. Reichsmark 3.20
12. VOELCKER, ILSE. Felis issiodorensis Croizet von Mauer a. d. E. Rm. 1.40

Druck von R. Wagner Sohn in Weimar.

FSC
www.fsc.org
MIX
Papier | Fördert
gute Waldnutzung
FSC® C083411

Zeitfracht Medien GmbH
Ferdinand-Jühlke-Straße 7
99095 Erfurt, Deutschland
produktsicherheit@kolibri360.de